T0208104

essentials

essentials liefern aktuelles Wissen in konzentrierter Form. Die Essenz dessen, worauf es als „State-of-the-Art" in der gegenwärtigen Fachdiskussion oder in der Praxis ankommt. *essentials* informieren schnell, unkompliziert und verständlich

- als Einführung in ein aktuelles Thema aus Ihrem Fachgebiet
- als Einstieg in ein für Sie noch unbekanntes Themenfeld
- als Einblick, um zum Thema mitreden zu können

Die Bücher in elektronischer und gedruckter Form bringen das Expertenwissen von Springer-Fachautoren kompakt zur Darstellung. Sie sind besonders für die Nutzung als eBook auf Tablet-PCs, eBook-Readern und Smartphones geeignet. *essentials:* Wissensbausteine aus den Wirtschafts-, Sozial- und Geisteswissenschaften, aus Technik und Naturwissenschaften sowie aus Medizin, Psychologie und Gesundheitsberufen. Von renommierten Autoren aller Springer-Verlagsmarken.

Weitere Bände in der Reihe http://www.springer.com/series/13088

Torsten Schmiermund

Einführung in die Stereochemie

Eine Hilfe für Studierende und Auszubildende

 Springer Spektrum

Torsten Schmiermund
Frankfurt am Main, Deutschland

ISSN 2197-6708   ISSN 2197-6716   (electronic)
essentials
ISBN 978-3-658-28086-4   ISBN 978-3-658-28087-1   (eBook)
https://doi.org/10.1007/978-3-658-28087-1

Die Deutsche Nationalbibliothek verzeichnet diese Publikation in der Deutschen Nationalbibliografie; detaillierte bibliografische Daten sind im Internet über http://dnb.d-nb.de abrufbar.

Springer Spektrum
© Springer Fachmedien Wiesbaden GmbH, ein Teil von Springer Nature 2019
Das Werk einschließlich aller seiner Teile ist urheberrechtlich geschützt. Jede Verwertung, die nicht ausdrücklich vom Urheberrechtsgesetz zugelassen ist, bedarf der vorherigen Zustimmung des Verlags. Das gilt insbesondere für Vervielfältigungen, Bearbeitungen, Übersetzungen, Mikroverfilmungen und die Einspeicherung und Verarbeitung in elektronischen Systemen.
Die Wiedergabe von allgemein beschreibenden Bezeichnungen, Marken, Unternehmensnamen etc. in diesem Werk bedeutet nicht, dass diese frei durch jedermann benutzt werden dürfen. Die Berechtigung zur Benutzung unterliegt, auch ohne gesonderten Hinweis hierzu, den Regeln des Markenrechts. Die Rechte des jeweiligen Zeicheninhabers sind zu beachten.
Der Verlag, die Autoren und die Herausgeber gehen davon aus, dass die Angaben und Informationen in diesem Werk zum Zeitpunkt der Veröffentlichung vollständig und korrekt sind. Weder der Verlag, noch die Autoren oder die Herausgeber übernehmen, ausdrücklich oder implizit, Gewähr für den Inhalt des Werkes, etwaige Fehler oder Äußerungen. Der Verlag bleibt im Hinblick auf geografische Zuordnungen und Gebietsbezeichnungen in veröffentlichten Karten und Institutionsadressen neutral.

Springer Spektrum ist ein Imprint der eingetragenen Gesellschaft Springer Fachmedien Wiesbaden GmbH und ist ein Teil von Springer Nature.
Die Anschrift der Gesellschaft ist: Abraham-Lincoln-Str. 46, 65189 Wiesbaden, Germany

Was Sie in diesem *essential* finden können

- Eine kleine Einführung in die Stereochemie organischer Verbindungen
- Erklärung der meisten Vorsätze, die stereochemische Angaben machen
- Unterschiede zwischen Konfigurations-, Konformations-, Konstitutionsisomerie und Tautomerie
- Unterscheidung der geometrischen Isomerie und der Spiegelbildisomerie
- Unterschiedliche Darstellungs-/Visualisierungsmöglichkeiten für Isomere

Inhaltsverzeichnis

Stereochemie – Warum?

Bereits 1808 wurde eine tetraedrische Anordnung für Moleküle des Typs AB_4 postuliert (W. H. Wollaston), 1813 die optische Drehung entdeckt (J.-B. Biot) und 1848 die erste Racematspaltung (L. Pasteur) durchgeführt. Le Bel und van't Hoff entwickelten 1874 die eigentliche Lehre der räumlichen Anordnung von Atomen in Molekülen.

Die Stereochemie („Raumchemie", „räumliche Chemie") ist ein Teilgebiet der Chemie, welches sich mit dem dreidimensionalen Aufbau von Molekülen befasst. Im Wesentlichen werden zwei Aspekte unterschieden:

Der dreidimensionale Aufbau von Molekülen, die die gleiche Zusammensetzung (Summenformel), aber eine unterschiedliche Anordnung der Atome aufweisen wird als stereochemische Isomerie oder statische Stereochemie bezeichnet.

Der räumliche Ablauf chemischer Reaktionen, insbesondere unter Beteiligung stereoisomerer Moleküle wird stereochemische Dynamik oder dynamische Stereochemie genannt.

Bis zur Mitte des 20. Jahrhunderts beschäftigte man sich in erster Linie mit statischer Stereochemie. Mit verbesserten Analysenmethoden begannen die Zusammenhänge zwischen Raumstruktur, Reaktivität und Reaktionsmechanismus eine immer größere Rolle zu spielen. Heute sind stereospezifische und stereo-selektive Reaktionen und Synthesen bei der Suche nach neuen Arzneimitteln und Pflanzenschutzmitteln nicht mehr wegzudenken. Gleichermaßen können viele biologische Prozesse nur durch den dreidimensionalen Aufbau der beteiligten Substanzen hinreichend verstanden werden.

Dieses Buch beschäftigt sich nur mit der grundlegenden statischen Stereochemie. Für weitere Ausführungen sei auf das Literaturverzeichnis und entsprechende Spezialliteratur verwiesen.

© Springer Fachmedien Wiesbaden GmbH, ein Teil von Springer Nature 2019
T. Schmiermund, *Einführung in die Stereochemie*, essentials,
https://doi.org/10.1007/978-3-658-28087-1_1

1.1   Isomerie – Was ist das?

Unter Isomeren (griech. *isos* = gleich, *meros* = Teil, „aus gleichen Teilen") versteht man chemische Verbindungen mit gleicher Elementarzusammensetzung aber unterschiedlicher Struktur. Diese Isomerie kann in einer anderen Verknüpfung der Atome untereinander, also in einer anderen Reihenfolge, bestehen. Dies nennt man Konstitutions- oder Strukturisomerie.

Aber auch bei gleicher Elementarzusammensetzung und gleicher Anordnung (gleicher Atomsequenz) ist Isomerie möglich. Man spricht hier von Stereoisomerie. Hierbei sind die Atome der Isomere räumlich verschieden angeordnet.

1.2   Hilfsmittel

Man muss erst lernen die verschiedenen Darstellungsarten der Stereochemie in ein Bild zu übersetzen, welches – obwohl zweidimensional gezeichnet – in der eigenen Vorstellung dennoch dreidimensional vorstellbar ist. Das benötigt Zeit, Übung, Vorstellungsvermögen und auch ein bisschen Fleiß.

Als klassische, „typische" Hilfen werden i. d. R. Molekülbaukästen genannt. Wer das Glück hat auf solche zurückgreifen oder sie sich leisten zu können: nur zu. Aber verwenden Sie bevorzugt sogenannte Kugel-Stab-Modelle (engl.: *ball-and-stick*). Starre Kalottenmodelle sind weniger gut geeignet. Alle anderen basteln sich ihre Molekül-Bausteine am einfachsten selbst.

Hierzu benötigen Sie:

- Für die Atome können Sie beispielsweise verwenden: halbierte Korken von Weinflaschen, Styropor-Kugeln, bunte Knete (verwenden sie eine nicht-trocknende Knete) oder was Ihnen sonst geeignet erscheint und sie zur Hand haben.
- Wenn Sie Holz- oder Kunststoffkugeln verwenden möchten, dann empfiehlt es sich entsprechende Löcher vorzubohren.
- Für die Bindungen bieten sich an: Zahnstocher, Drahtstücke (Drahtstärke mindestens 0,5 mm, maximal 2 mm), passend geschnittene dünne Kunststoff-Strohhalme o. ä.

Wenn Sie ihr Material beschafft haben, dann müssen die Atome noch farblich gekennzeichnet werden. Malen Sie Ihre Korken, Kugeln, etc. wie folgt an:

- Kohlenstoff (C): schwarz (24)
- Wasserstoff (H): weiß (30)
- Sauerstoff (O): rot (12)
- Stickstoff (N): blau (4)
- Fluor (F): hellgrün (1)
- Chlor (Cl): grün (4)
- Brom (Br): orange (2)
- Iod (I): violett (2)

Die Zahl in Klammern gibt an, wie viele Atome der jeweiligen Sorte sie mindestens vorbereiten sollten. Haben Sie zu wenige Atome vorbereitet, dann müssen sie u. U. Molekülmodelle die Sie noch anschauen möchten zerlegen, um andere Moleküle basteln zu können.

Für unsere Belange können Sie alle Atome in der gleichen Größe verwenden. Ein Durchmesser von 2–3 cm reicht bequem aus. Die Bindungen sollten jeweils in etwa die doppelte bis dreifache Länge haben. So reicht die Bindung jeweils etwa bis zur Atom-Mitte und es bleibt ein Atom-Durchmesser „sichtbare Bindung" übrig.

Die unterschiedlichen Materialien haben Vor- und Nachteile. Knete z. B. ist relativ schwer und gleichzeitig weich. Größere Moleküle halten nur schlecht zusammen. Im Gegenzug muss man nichts bemalen. Korkstopfen sind manchmal sehr fest und damit schlecht zu verbinden, Styropor kann relativ leicht ausbrechen. Gegebenenfalls müssen sie unterschiedliche Variationen ausprobieren. U. U. können sich auch Modelle aus Pappe oder Papier als hilfreich erweisen. Es gilt: Sie müssen mit den Modellen zurechtkommen. Einfache Verfügbarkeit geht vor perfekter Optik.

1.3 Wie baue ich ein Molekül auf?

Folgende Reihenfolge hat sich bewährt:

1. Das Kohlenstoff-Grundgerüst (inkl. Doppelbindungen) zusammenbauen.
2. Alle funktionellen Gruppen separat vorbereiten.
3. Hetero-Atome mit Doppelbindungen am C-Gerüst andocken.
4. Funktionelle Gruppen anfügen.
5. Zuletzt die Wasserstoff-Atome ergänzen.

Bitte bedenken Sie, dass gerade die Kohlenstoffatome je nach Bindungszustand/ Hybridisierung ggfs. unterschiedliche Bindungswinkel besitzen.

Grundlagen

2

Wir werden auf den folgenden Seiten mit einer gewissen Anzahl verschiedener Modelle bzw. Darstellungsweisen konfrontiert. Jede dieser Darstellungen ist aus unterschiedlichen Problemstellungen hervorgegangen.

Um mit den unterschiedlichen zweidimensionalen Darstellungsarten und dem zugehörenden Bau dreidimensionaler Molekülmodelle zurechtzukommen zunächst einige grundlegende Dinge. Eine Übersicht zu den verschiedenen Isomerieformen finden Sie in Abb. A.1 am Ende des Buches. In der Abb. A.2 finden Sie eine Tabelle, in der die Unterschiede und Gemeinsamkeiten der Isomerien dargestellt sind.

2.1 Was vorausgesetzt wird

Als bekannt vorausgesetzt werden:

- Wertigkeit/Bindigkeit der einzelnen Elemente (insbes. C, H, O, N, S, P, Halogene)
- Oxidationszahlen und Ordnungszahlen
- Hybridisierung am C-Atom (sp^3-, sp^2- und sp-Hybridorbitale und deren Bildung)
- Bindungswinkel und -abstände
- Bindungstypen (σ- und π-Bindungen)
- Unterschiedliche Formelschreibweisen (z. B. mit/ohne H-Atome)
- Grundkenntnisse der Nomenklatur organischer Verbindungen

© Springer Fachmedien Wiesbaden GmbH, ein Teil von Springer Nature 2019
T. Schmiermund, *Einführung in die Stereochemie*, essentials,
https://doi.org/10.1007/978-3-658-28087-1_2

2.2   Begriffe zum Einstieg

Beschäftigen wir uns zuerst mit einigen wichtigen Begriffen bevor wir uns die verschiedenen Möglichkeiten des räumlichen Aufbaus organischer Moleküle im Detail ansehen.

2.2.1   Isomer

Bei Isomeren handelt es sich um Substanzen gleicher Zusammensetzung (gleicher Summenformel) aber unterschiedlicher Anordnung der Atome bzw. verschiedenem räumlichen Molekülaufbau.

2.2.2   Konstitution und Konstitutionsisomere

Die **Konstitution** (lat. *constituere* = aufstellen) gibt die Art der Bindungen (einfach, doppel, dreifach) und die gegenseitige Verknüpfung der Atome im Molekül an. Die Summenformel bleibt stets gleich. Eventuelle Unterschiede in der räumlichen Anordnung (wie z. B. Drehungen um eine Einfachbindung) werden bei Konstitutionsisomeren nicht berücksichtigt.

Konstitutionsisomere besitzen also bei gleicher Summenformel eine unterschiedliche Verknüpfung der Atome untereinander. Sie besitzen eine unterschiedliche Konstitution.

Zu den Konstitutionsisomeren zählen:

- Skelettisomere (unterschiedlicher Aufbau des Kohlenstoffgerüsts)
- Stellungsisomere (unterschiedliche Stellung am Kohlenstoffgerüst)
- Funktionsisomere (unterschiedliche funktionelle Gruppen)
- Valenzisomere (unterschiedliche Bindungen)
- Tautomere (unterschiedliche Bindungen und unterschiedliche funktionelle Gruppen)

2.2.3   Konformation und Konformationsisomere

Die **Konformation** (lat. *conformare* = gestalten, entsprechend formen; entspricht in etwa der Strukturformel) stellt die räumliche Anordnung aller Atome

eines Moleküls mit definierter Konfiguration dar, die durch Rotation um Einfachbindungen erzeugt, aber nicht zur Deckung gebracht werden können.
Konformationsisomere können bei Raumtemperatur nur dann isoliert
werden, wenn die Energieschwelle zwischen den Konformationsisomeren
70–85 kJ mol^{-1} übersteigt.

2.2.4 Konfiguration und Stereoisomere

Die **Konfiguration** (lat. *configurare* = gleichförmig bilden) gibt die räumliche
Anordnung der Atome eines Moleküls an. Hierbei werden Formen, die durch
Rotation von Atomen um Einfachbindungen entstehen, *nicht* berücksichtigt.
Stereoisomere (griech. *stereo* = starr; i. S. v.: räumlich, dreidimensional),
auch: Konfigurationsisomere, haben die gleiche Summenformel und die gleiche
Konstitution. Sie unterscheiden sich in der räumlichen Anordnung ihrer Atome.
Sie besitzen eine unterschiedliche Konfiguration.

2.2.5 Tautomerie

Als Tautomerie (von griech. *tauto* = das Gleiche und *meros* = Anteil) bezeichnet
man den raschen reversiblen Übergang einer konstitutionsisomeren Form in eine
andere.
Wichtige Tautomerien sind:

* Keto-Enol-Tautomerie (bei Aldehyden/Ketonen)
* Amid-Imidol-Tautomerie (bei Amiden)
* Oxo-Enol-Enon-Tautomerie (bei Heteroaromaten)
* Valenztautomerie (bei Polyenen)

Konstitutionsisomerien

3

Konstitutionsisomere besitzen die gleiche Summenformel, unterscheiden sich aber in der Anordnung der Atome im jeweiligen Molekül. D. h. die Verknüpfungsfolge der Atome ist unterschiedlich geartet.

3.1 Skelettisomerie

Bei der Skelettisomerie unterscheiden sich die Isomere nur in der Anordnung der Kohlenstoffatome zueinander. Man spricht auch von Gerüstisomeren, da das Kohlenstoffgerüst der jeweiligen Verbindung geändert ist.

Aus der Summenformel C_6H_{14} lassen sich fünf, in ihren physikalischen Eigenschaften unterscheidbare, isomere Hexane darstellen (Abb. 3.1).

3.1.1 *n-, iso-, neo-*

In der älteren Nomenklatur wurde die Anordnung der kettenförmigen Kohlenwasserstoffe mit den Vorsilben *n-, iso-* und *neo-* gekennzeichnet. Diese Vorsilben werden in der systematischen Nomenklatur nicht mehr verwendet. Sie finden sich aber noch häufig im Laborsprachgebrauch und als Bestandteil von Trivialnamen (vergleiche auch Abb. 3.1).

Als *n*-Verbindungen (n für „normal") bezeichnete man unverzweigte Kohlenwasserstoffe. Die Vorsilbe *iso-* (griech. *isos* = gleich) kennzeichnete ein verzweigtes C-Gerüst ohne nähere Angabe. Sie sollte nur noch für den *iso*-Propyl-Rest (*i*-Pr-) Verwendung finden. Als – ebenfalls unspezifische – Vorsilbe für „neue", meist synthetisch hergestellte Verbindungen diente *neo-* (griech. *neos* = neu). Nach IUPAC nur für den Neopentyl-Rest bzw. Neopentan (2,2'-Dimethyl-propan) zugelassen.

© Springer Fachmedien Wiesbaden GmbH, ein Teil von Springer Nature 2019
T. Schmiermund, *Einführung in die Stereochemie,* essentials,
https://doi.org/10.1007/978-3-658-28087-1_3

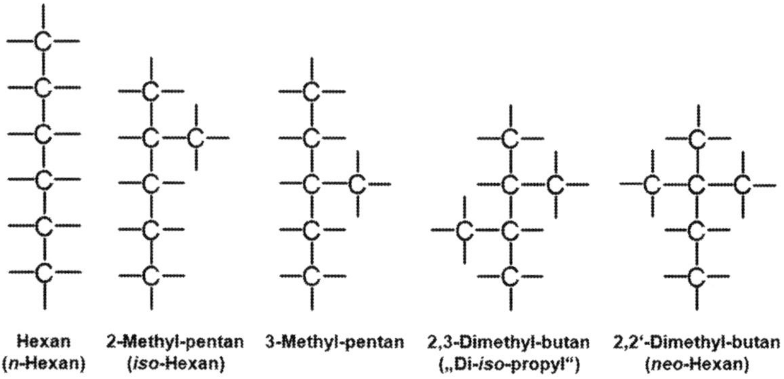

| Hexan | 2-Methyl-pentan | 3-Methyl-pentan | 2,3-Dimethyl-butan | 2,2'-Dimethyl-butan |
| (*n*-Hexan) | (*iso*-Hexan) | | („Di-*iso*-propyl") | (*neo*-Hexan) |

Abb. 3.1 Skelettisomere Hexane

3.2   Stellungsisomerie

Bei der Stellungsisomerie stehen funktionelle Gruppen an unterschiedlichen Stellen des Kohlenstoffgerüsts. Das Kohlenstoffskelett selbst und die Eigenschaften der funktionellen Gruppen unterscheiden sich hierbei nicht. Auch bei dieser Form der Isomerie sind die Isomere aufgrund ihrer physikalischen Eigenschaften gut voneinander unterscheidbar.

Anstelle der hier vorgestellten historischen Vorsilben sollten heutzutage bevorzugt die numerischen Stellungsangaben nach IUPAC Verwendung finden.

3.2.1   gem.-, vic.- Isomere

Geminal (Abk.: *gem.;* lat. *gemini* = Zwilling) bedeutet dass am gleichen C-Atom zwei gleichartige Substituenten fixiert sind. Vicinal (Abk.: *vic.;* lat. *vicinus* = Nachbar) bedeutet, dass sich die beiden gleichartigen Substituenten an zwei benachbarten C-Atomen befinden. Liegt mindestens ein C-Atom zwischen den C-Atomen mit gleichartigen Substituenten, so handelt es sich um isolierte Substituenten. Für diese existiert keine gesonderte historische Bezeichnung (vergleiche Abb. 3.2).

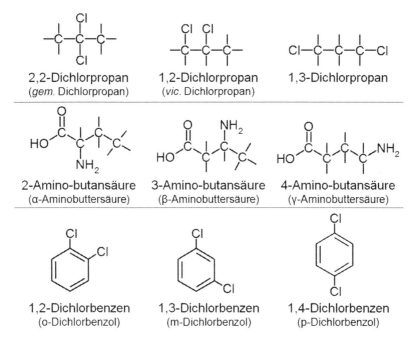

Abb. 3.2 Stellungsisomerien

3.2.2 α-, β-, γ-, ω- Isomere

Wird an einer Stammverbindung, die bereits eine funktionelle Gruppe enthält (z. B. einer Säure oder einem Alkohol) eine weitere funktionelle Gruppe hinzugefügt, so wurde die Position des neuen/zweiten Substituenten mit griechischen Kleinbuchstaben gekennzeichnet (vergleiche Abb. 3.2). Es bedeuten dann:

- α-: Zweitsubstituent am direkt benachbarten C-Atom
- β-: Zweitsubstituent am übernächsten C-Atom
- γ-: Zweitsubstituent am dritten C-Atom
- ω-: Zweitsubstituent am entferntest möglichen C-Atom

3.2.3   *o-, m-, p-* Isomere

Die Position eines Zweitsubstituenten am Benzolring im Verhältnis zum Erst-
substituenten wird nach älterer Nomenklatur mit ortho (Abk.: *o-*; griech.
ortho = gerade) für die 1,2-Stellung, mit meta (Abk.: *m-*; griech.
meta = zwischen) für die 1,3-Stellung und mit para (Abk.: *p-*; griech.
para = gegenüber) für die 1,4-Stellung bezeichnet (vergleiche Abb. 3.2).
Früher wurden auch die dreifach substituierten Benzol-Derivate mit gesonderten
Namen versehen. Zum Beispiel:

* 1,2,3-Trihydroxybenzen → *vic.*-Trihydroxybenzol („Pyrogallol")
* 1,2,4-Trihydroxybenzen → *asym.*-Trihydroxybenzol („Hydroxyhydrochinon")
* 1,3,5-Trihydroxybenzen → *sym.*-Trihydroxybenzol („Phloroglucin")

Die Abkürzungen „asym." bzw. „sym." stehen für „asymmetrisch" bzw. „symmetrisch".

3.3   Funktionsisomerie

Sind bei gleicher Summenformel unterschiedliche funktionelle Gruppen darstell-
bar, so spricht man von Funktionsisomerie. Diese Isomere gehören demzufolge
unterschiedlichen Stoffklassen mit unterschiedlichen chemischen und physikalischen Eigenschaften an. Funktionsisomere sind „Isomere per definitionem".
I. d. R. werden Verbindungen mit gleicher Summenformel, aber unterschiedlichen
funktionellen Gruppen nicht als Isomere angesehen, da sie unterschiedlichen
Stoffklassen angehören.
Beispiele:

* C_2H_6O: Ethanol (CH_3CH_2-OH) // Dimethylether (H_3C-O-CH_3)
* C_3H_6O: Aceton (H_3C-C(O)-CH_3) // Acetaldehyd (H_3C-CH_2-CHO)
* $C_4H_8O_2$: Ethylacetat (H_3C-C(O)-O-C_2H_5) // 4-Hydroxy-butan-2-on (H_3C-C(O)-C_2H_4-OH)

3.4   Valenzisomerie

Bei der Valenz- oder Bindungsisomerie unterscheiden sich Anzahl und/oder Position von σ- und π-Bindungen. Zur Umwandlung der Isomere ineinander müssen
Bindungen geöffnet und neu geknüpft werden. Manchmal tritt zeitgleich mit der

Valenzisomerie auch eine Skelettisomerie auf (Vergleiche auch Abschn. 3.5.4. Valenztautomerie).

$$R-\underset{\underset{H}{|}}{\overset{\overset{R'}{|}}{C}}-CH=CH-CH=CH-CH_3 \; \rightleftharpoons \; \underset{R}{\overset{R'}{\diagup}}C=CH-CH=CH-CH_2-CH_3$$

Weitere Beispiele sind:

- C_3H_4: Propadien ($H_2C=C=CH_2$) // Propin (HC≡C-CH$_3$) // Cyclopropen
- C_6H_8: Cyclohexa-1,2-dien // Cyclohexa-1,3-dien // Cyclohexa-1,4-dien

3.5 Tautomerie

Die Tautomerie stellt sozusagen gleichzeitig einen Sonderfall der Valenzisomerie *und* der Funktionsisomerie dar. Als Tautomere bezeichnet man Konstitutionsisomere, die durch die Wanderung einzelner Atome oder Atomgruppen schnell und reversibel ineinander übergehen. Die tautomeren Formen stehen in einem dynamischen Gleichgewicht. Das führt zu einem konstanten Verhältnis der Tautomere zueinander. Daher lassen sich diese Isomere i. d. R. nicht voneinander trennen. Die Unterscheidung der tautomeren Formen geschieht meist durch spektroskopische Methoden.

Wechselt ein Wasserstoffatom (Proton) seinen Platz innerhalb des Moleküls, so spricht man auch von Prototropie oder Protonenisomerie.

3.5.1 Keto-Enol-Tautomerie

Die Keto-Enol-Tautomerie stellt die häufigste Form der Tautomerie dar. Sie tritt auf, wenn ein Proton vom α-C-Atom einer Carbonylgruppe abgespalten wird und anschließend der Carbonyl-Sauerstoff protoniert wird.

In den meisten Fällen liegt das Gleichgewicht auf der Seite der Keto-Form. So liegen z. B. Propanon (Aceton) zu ca. 3 ppm, Ethyl-3-oxybutyrat (Acetessigester) zu 8 % in der Enol-Form vor.

Keto-Form   **Enol-Form**

Bei einigen Stoffen überwiegt jedoch die Enol-Form. So z. B. beim Pentan-2,4-dion (Acetylaceton), das zu 85 % in der Enol-Form (4-Hydroxy-pentan-2-on) vorliegt. Dies erklärt sich aufgrund der Stabilisierung durch die Bildung einer intramolekularen Wasserstoffbrückenbindung.

2,4-Pentandion   4-Hydroxy-pentan-2-on
Keto-Form   **Enol-Form**
15%   85%

Eine besondere Form der Keto-Enol-Tautomerie, die Ketol-Endiol-Tautomerie, tritt bei α-Hydroxy-Ketonen (Acyloinen) auf. So geht Hydroxypropanal in Propendiol über, das seinerseits in Hydroxypropanon isomerisieren kann.

α-Hydroxy-aldehyd   **Endiol**   **α-Hydroxy-keton**
(2-Hydroxy-propanal)   (1,2-Propendiol)   (1-Hydroxy-propanon)

Das 2-Hydroxy-propanal und das 1-Hydroxy-propanon unterscheiden sich nur in der Lage des Carbonyl-Sauerstoffs und der Hydroxy-Gruppe. Sie sind daher Stellungsisomere. Alle drei Verbindungen sind jedoch auch zueinander zusätzlich noch Funktionsisomere (Aldehyd, Alkohol und Keton).

3.5.2 Amid-Imidol-Tautomerie

Die Tautomere der Amide werden als Imidole (auch: Imidsäuren) bezeichnet.
Hierbei wandert ein Proton der Aminfunktion zum Carbonyl-Sauerstoff.

Amid   **Imidol**

3.5.3 Oxo-Enol-Enon-Tautomerie

Auch bei Heteroaromaten können mit spektroskopischen Methoden tautomere
Gleichgewichte festgestellt werden. Am bekanntesten ist die Oxo-Enol-Enon-Tautomerie bei Pyrazolon-(5)-Derivaten (2-Oxo-4,5-dihydropyrazolen), die wichtige
Zwischenprodukte für Medikamente darstellen.

Oxo   **Enol**   **Enon**
(CH-Form)   (OH-Form)   (NH-Form)

3.5.4 Valenztautomerie

Der Begriff der Valenztautomerie (auch Bindungstautomerie) ist i. d. R. nicht
scharf von der Valenzisomerie abgetrennt. Beide Begriffe werden häufig synonym
zueinander verwendet. Führt die Isomerisierung zu einem Produkt, welches nicht
von der Ausgangsverbindung zu unterscheiden ist, so bezeichnet man die Isomere häufig als degenerierte oder entartete Valenzisomere. Verbindungen, deren
Bindungen sich reversibel ineinander umwandeln („fluktuieren"), und dabei ent-

artete Valenzisomere bilden, sollen – zur besseren Abgrenzung – an dieser Stelle als Valenztautomere bezeichnet werden.

Ein typisches Beispiel ist das nicht-aromatische 1,3,5,7-Cycyloocta-tetraen. Man kann neben der Valenztautomerie (bzw. entartete Valenzisomerie) noch eine Valenz- und Gerüstisomerie zu *cis*-Bicyclo-[4,2,0]octatrien-(2,4,7) (zu ca. 100 ppm im Gleichgewicht vorhanden) beobachten.

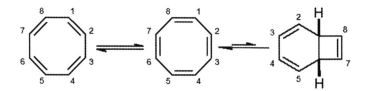

Stereoisomerie

4

Stereoisomere haben nicht nur die gleiche Summenformel sondern auch die gleiche Struktur (Konstitution). Die Isomere unterscheiden sich durch die räumliche Anordnung (Konfiguration) ihrer Atome.

Stereoisomere lassen sich einteilen in:
- Konfigurationsisomere: geometrische Isomere
- Konfigurationsisomere: Spiegelbildisomere
- Konformationsisomere

Gemäß der Definition von Dale (Dale 1978) sind Konfigurationsisomere Moleküle, die sich nur durch Spaltung und Neubildung von Bindungen ineinander umwandeln lassen.

Konformationsisomere gehen dementsprechend ohne Spaltung von Bindungen ineinander über. Der Umklappvorgang eines Cyclohexan-Ringsystems – also die sogenannte Ringinversion – kann formal als eine gleichzeitige Rotation um alle C−C-Bindungen betrachtet werden.

Stereoisomere können zueinander Enantiomere oder Diastereomere sein.

4.1 Enantiomere

Enantiomere (griech. *enantios* = Gegenstück, *meros* = Teil) sind Isomere, die sich in ihrer räumlichen Struktur wie Bild und Spiegelbild verhalten. Diese Art der Isomerie wird daher auch als Chiralität (griech. *chiros* = Hand, „Händigkeit") bezeichnet.

© Springer Fachmedien Wiesbaden GmbH, ein Teil von Springer Nature 2019
T. Schmiermund, *Einführung in die Stereochemie*, essentials,
https://doi.org/10.1007/978-3-658-28087-1_4

Man kann sich das gut an Körperteilen (rechte/linke Hand) oder Gegenständen (rechter/linker Schuh, rechts-/linksdrehende Schraube) klarmachen. Die beiden Hände z. B. sind nicht deckungsgleich, verhalten sich aber wie Bild und Spiegelbild zueinander. Enantiomerenpaare besitzen die gleichen physikalischen Eigenschaften (Dichte, Löslichkeit, Schmelz- und Siedepunkt, etc.). Sie unterscheiden sich jedoch in ihrer optischen Aktivität und in ihren biologischen Wirkungen. Aufgrund der unterschiedlichen optischen Aktivität der Enantiomere spricht man auch von optischen Isomeren bzw. optischer Isomerie. In der (älteren) deutschen Literatur werden Enantiomere auch als Antipoden bezeichnet (griech. *anti* = gegen, *podos* = Fuß), da sie polarisiertes Licht um den gleichen Betrag, aber in unterschiedliche Richtungen, drehen.

4.1.1 Optische Aktivität

Bestimmte Stoffe vermögen die Ebene linear polarisierten Lichts zu drehen. Diese Eigenschaft bezeichnet man als optische Aktivität. Erklären lässt sich der Vorgang dadurch, dass die Elektronen in einem Molekül nicht gleichmäßig in alle Richtungen schwingen können. In verschiedene Richtungen resultiert daraus eine unterschiedliche Polarisierbarkeit der Elektronen. Diese werden also unterschiedlich zu Schwingungen angeregt – je nach Konfiguration des optisch aktiven Stoffes. Dies führt zu einer Drehung des polarisierten Lichts nach rechts oder links, die nach dem Austritt als Winkel (Drehwinkel, α) mit einem Polarimeter gemessen werden kann.

Wird die Ebene des Lichts im Uhrzeigersinn gedreht, so bezeichnet man die Substanz als rechtsdrehend und kennzeichnet mit (+). Bei Drehung gegen den Uhrzeigersinn folglich linksdrehend und (−). Die Drehrichtung kann nicht aus der absoluten Konfiguration hergeleitet werden, sondern muss für jedes Enantiomerenpaar mittels Polarimeter bestimmt werden.

Damit ein Stoff optische Aktivität besitzen kann, muss er über mindestens ein Stereozentrum (auch Chiralitätszentrum oder stereogenes Zentrum genannt) verfügen. Das Stereozentrum muss nicht zwingend ein einzelnes Atom des Moleküls sein, sondern kann auch – wie z. B. bei Doppelbindungen – zwischen mehreren Atomen liegen.

Handelt es sich bei dem stereogenen Zentrum um ein Kohlenstoffatom mit vier unterschiedlichen Substituenten, z. B. Chlor-fluor-iod-methan, so hat man dieses C-Atom früher als asymmetrisches C-Atom bezeichnet und es in Strukturformeln mit einem Sternchen (C*) gekennzeichnet. Da diese Zuordnung nicht ganz eindeutig ist, soll sie nicht mehr verwendet werden.

4.1.2 Racemate, racemische Gemische

Der Begriff Racemat leitet sich vom lat. Namen der Traubensäure *(acidum race-micum)* ab, da bei dieser die erste Trennung eines Racemats in seine beiden Enantiomere, nämlich in L-(+)-Weinsäure und D-(−)-Weinsäure (lat. acidum tartaricum), gelang (sogenannte Racematspaltung).

Gemische gleicher Anteile der (+)- und (−)-Form werden als Racemate bezeichnet und mit (±) oder der Vorsilbe *rac-* gekennzeichnet. Da beide isomeren Formen die gleiche optische Aktivität besitzen, sich aber in ihrem Vorzeichen unterscheiden, ist die optische Aktivität des Racemats Null. Liegen in einem Enatiomerengemisch beide Formen, aber in einem von 1:1 verschiedenen Verhältnis vor, so nennt man dies ein nichtracemisches Gemisch und benutzt manchmal die Vorsilbe *ambo-* (lat.: *ambo* = beide). Nichtracemische Gemische zeigen im Gegensatz zu Racematen optische Aktivität.

4.1.3 Biologische Wirkung

Die unterschiedliche biologische Wirkung spiegelbildlicher Isomere zeigt sich beispielsweise in:

- Geruch: (S)-(+)-Carvon riecht nach Kümmel, (R)-(−)-Carvon riecht nach Minze
- Geschmack: (S)-Valin schmeckt bitter, (R)-Valin schmeckt süß
- Pharmakologie: (S)-(−)-Thalidomid ist fruchtschädigend, (R)-(+)-Thalidomid ein fast nebenwirkungsfreies Schlafmittel. (Leider wandeln sich die Enantiomere im menschlichen Körper ineinander um, sie racemisieren.)

4.2 Diastereomere

Als Diastereomere (Langform: Diastereoisomere) werden Stereoisomere bezeichnet, die keine Enantiomere darstellen, also nicht enantiomer zueinander sind. Diastereomere besitzen unterschiedliche physikalische Eigenschaften und können so getrennt werden.

4.2.1 Diastereomere und geometrische Isomerie

Doppelbindungen sind aufgrund der π-Bindungen starr, eine Drehung kann nicht stattfinden. Daher sind auch daran gebundene Gruppen nicht frei drehbar.

Es resultieren unterschiedliche räumliche Anordnungen (*cis-*, *trans-* bzw. (*Z*)-, (*E*)-Konfigurationen).gleiches gilt auch für monocyclische bzw. unverbrückte bicyclische Verbindungen.

Bei verbrückten bicyclischen Verbindungen tritt neben der *endo-, exo-*Isomerie noch eine *syn-, anti-*Isomerie auf (vergleiche Abschn. 5.5).

4.2.2   Diastereomere und mehrere Stereozentren

Verbindungen mit mehreren Stereozentren können sich in jedem Stereozentrum bezüglich ihres räumlichen Aufbaus voneinander unterscheiden. Ist die Konfiguration der Verbindungen in *allen* Stereozentren unterschiedlich, so handelt es sich um Enantiomere. Diese werden nicht zur Diastereomerie gezählt.

Unterscheiden sich die Verbindungen in genau einem Stereozentrum, so wird diese spezielle Form der Diastereomerie auch als Epimerie (griech. *epi* = nach, auf, an, zu), die beiden Stereoisomere als Epimere, bezeichnet.

Sind die Stereozentren in einem Molekül gleichartig, d. h. die jeweiligen Stereozentren besitzen jeweils die gleichen funktionellen Gruppen, so liegt im Molekül selbst eine Spiegelebene vor. Hier existieren dann sogenannte *meso*-Verbindungen (griech. *meso* = mittig). Diese sind im Gegensatz zu den weiteren Diastereomeren i. d. R. achiral, also optisch inaktiv.

Die Abb. 4.1 zeigt beispielhaft die Isomere der Weinsäure. Bitte beachten Sie, dass L-Weinsäure und D-Weinsäure enantiomer sind, es sich bei der *meso*-Weinsäure hingegen um ein Diastereomer zur L- *und* zur D-Weinsäure handelt.

Anmerkung: *Das Racemat der Weinsäure, die (±)-Weinsäure, wird auch Traubensäure genannt. Sie darf nicht mit der meso-Weinsäure verwechselt werden.*

4.2.3   Zusammenhang Diastereomere: Enantiomere

Diastereomere können durch ihre physikalischen Eigenschaften wie Schmelzpunkt oder Löslichkeit unterschieden werden. Enantiomere unterscheiden sich ausschließlich im Vorzeichen des Drehwinkels.

Enthält eine Verbindung n Stereozentren, so sind 2^n Konfigurationsisomere möglich. Bei z. B. den Aldotetrosen demnach $2^2 = 4$, bei den Aldohexosen folglich $2^4 = 32$ Isomere (vgl. Abb. 4.2 und A.3). Es existieren somit 2^{n-1} (oder $2^n/2$) Enantiomerenpaare. Deren Anzahl verringert sich, wenn innerhalb eines Moleküls eine Spiegelebene aufgrund gleichartiger Stereozentren vorliegt und daher *meso*-Formen existieren.

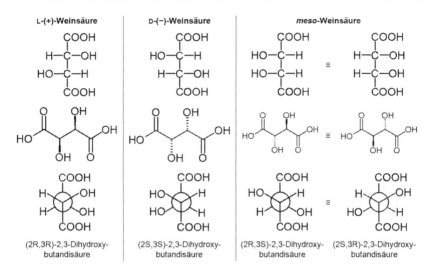

Abb. 4.1 Darstellungen der diastereomeren Weinsäure-Formen: Fischer-Projektion, Keil-Strich-Formel und Newman-Projektion

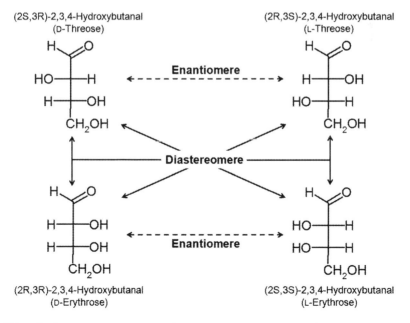

Abb. 4.2 Zusammenhang von Enantiomeren und Diastereomeren (Beispiel: Erythrose/Threose)

Konfigurationsisomere: geometrische Isomerie

5

Geometrische Isomere unterscheiden sich in der räumlichen Anordnung von Substituenten an einer Doppelbindung oder einem nicht-aromatischen Ringsystem. Insbesondere bei 1,2-disubstituierten Alkenen spricht man i. d. R. von einer *cis*/*trans*-Isomerie. Bei längeren Ketten und/oder höher substituierten Verbindungen ist die Benennung nach der (*Z*)-,(*E*)-Notation unter Anwendung der CIP-Regeln notwendig, um die Konfiguration eindeutig angeben zu können.

Die geometrische Isomerie stellt einen Spezialfall der Konfigurationsisomerie dar und soll hier gesondert betrachtet werden. Bei den meisten geometrischen Isomeren existiert ein Symmetriezentrum oder eine Symmetrieebene (Spiegelebene), sodass es sich um achirale Verbindungen handelt. Das unterscheidet sie von den chiralen oder asymmetrischen Konfigurationsisomeren.

5.1 *cis*-/*trans*-Isomerie bei Doppelbindungen

Die *cis*-, *trans*-Isomerie wird durch unterschiedliche Anordnung der Substituenten zueinander, in Bezug auf die Doppelbindung im Molekül, die als Referenzebene dient, verursacht. Die Substituenten können auf der gleichen Seite (lat. *cis* = diesseits) oder auf gegenüberliegenden Seiten (lat. *trans* = jenseits) angeordnet sein.

Die Zuordnung ist jedoch nur dann eindeutig, wenn an den beiden C-Atomen der Doppelbindung je ein Wasserstoffatom und ein andersartiger Substituent gebunden sind. Nur dann können diese historisch gewachsenen Stellungsangaben verwendet werden. Sind mehr als nur zwei Substituenten vorhanden, so muss die (*Z*)/(*E*)-Nomenklatur angewandt werden.

© Springer Fachmedien Wiesbaden GmbH, ein Teil von Springer Nature 2019   23
T. Schmiermund, *Einführung in die Stereochemie*, essentials,
https://doi.org/10.1007/978-3-658-28087-1_5

cis-1,2-Dichlor-ethen	$\begin{array}{c} H \quad H \\ C=C \\ Cl \quad Cl \end{array}$	$\begin{array}{c} H \quad Cl \\ C=C \\ Cl \quad H \end{array}$	trans-1,2-Dichlor-ethen
cis-Butendisäure, cis-Ethen-1,2-dicarbonsäure, Maleinsäure	$\begin{array}{c} H \quad H \\ C=C \\ HOOC \quad COOH \end{array}$	$\begin{array}{c} H \quad COOH \\ C=C \\ HOOC \quad H \end{array}$	trans-Butendisäure, trans-Ethen-1,2-dicarbonsäure, Fumarsäure

5.2   *cis-/trans*-Isomerie bei Ringsystemen

Die *cis-*, *trans*-Isomerie ergibt sich durch die Stellung der beiden Substituenten in Bezug auf die Molekülebene. Befinden sich zwei Substituenten auf der gleichen Seite der Molekülebene, so handelt es sich um die *cis*-Verbindung, befinden sie sich auf entgegengesetzten Seite, so liegt die *trans*-Form vor.

Die beiden diastereomeren Formen können voneinander getrennt werden, da zur gegenseitigen Umwandlung Bindungen gelöst und neu geknüpft werden müssten. So hat das cis-1,2-Dimethylcyclopentan einen Siedepunkt von 99 °C, die trans-Verbindung von 92 °C.

trans-   cis-
1,2-Dimethylcyclopentan

Etwas schwieriger gestaltet sich die Erkennung der jeweiligen Form bei substituierten Cyclohexanen (vergleiche Abschn. 8.4). Liegen beide Substituenten entweder äquatorial (e) oder axial (a) zur Ringebene, dann handelt es sich um die trans-Verbindung. Sind die beiden Substituenten unterschiedlich zur Ringebene (also a,e oder e,a) angeordnet, so liegt die cis-Verbindung vor.

cis-1,4-Dimethyl-cyclohexan (e,a)   trans-1,4-Dimethyl-cyclohexan (e,e)

Bei kondensierten bicyclischen Kohlenwasserstoffen tritt Stereoisomerie ebenfalls als *cis/trans*-Isomerie auf. Dies ist z. B. beim Decalin (Bicyclo[4.4.0]decan oder Decahydronaphthalin) der Fall. Das *trans*-Decalin ist starr und hat einen Siedepunkt von 185 °C. Das *cis*-Decalin ist flexibel und kann sich daher in sein Enantiomer (sein Spiegelbildisomer) umwandeln; es besitzt einen Siedepunkt von 194 °C.

trans-Decalin

cis-Decalin

5.3   CIP-Regeln

Die Cahn-Ingold-Prelog-Konvention (kurz: CIP-Konvention) wurde 1966 von R. S. Cahn, C. K. Ingold und V. Prelog zur eindeutigen Beschreibung der räumlichen Anordnung unterschiedlicher Substituenten an Atomen oder Doppelbindungen vorgeschlagen. Eine Überarbeitung fand 1982 durch V. Prelog und G. Helmchen statt. Aufgrund dieser Regeln ist eine eindeutige Benennung in (Z)- bzw. (E)-Isomere möglich. Man spricht hier auch von der Angabe der „absoluten Konfiguration".

Regeln der CIP-Konvention
- Grundsätzlich werden alle Substituenten des einzeln betrachteten C-Atoms nach ihrer Ordnungszahl (OZ) sortiert: Je größer die OZ, desto höher die Priorität.

- Man geht vom jeweiligen C-Atom schrittweise nach außen – und bildet damit so genannte „Sphären" – bis eine eindeutige Zuordnung möglich ist.
- Bei Verbindungen die **Stereozentren** („asymmetrische C-Atome") enthalten (vergleiche Abschn. 6.2), bilden die an dieses C-Atom gebundenen Substituenten die Sphäre a. Der Substituent mit der niedrigsten Priorität wird vom Betrachter weg gedreht („nach hinten") gedacht.
- Ist eine **Doppelbindung** im Molekül, so sind die Atome, die an die die Doppelbindung tragenden C-Atome gebunden sind, die der Sphäre a. Auch sie werden nach fallender OZ sortiert. Das Atom mit der höchsten Ordnungszahl hat erste/höchste Priorität.
- Mehrfachbindungen werden als mehrere Einfachbindungen gezählt. So wird z. B. aus $-C{=}O$ ein $-C{-}(O{-}O)$ und aus $-C{\equiv}N$ ein $-C{-}(N{-}N{-}N)$. D. h.: Ist ein Atom über eine Doppel- bzw. Dreifachbindung verbunden, so wird die OZ mit zwei bzw. drei multipliziert.
- Kommt man hier noch zu keinem eindeutigen Ergebnis, so wandert man um eine Bindungsebene weiter nach außen („Atome der zweiten Sphäre"/der „Sphäre b").
- Gegebenenfalls geht man noch weiter nach außen (Sphären c, d, …).
- Sollten verschiedene Isotope eines Elements in der Verbindung enthalten sein, so hat das Isotop mit der höheren Masse auch höhere Priorität.
- Es ergibt sich für die wichtigsten Substituenten nach abnehmender Priorität die Reihenfolge:

$I > Br > Cl > SH > OH > NH_2 > COOH > CHO > CH_2OH > CN > CH_2NH_2 > CH_3 > H$

Beispiel

Erläuterung zur Reihenfolge am Beispiel der 2-Formyl-3-hydroxy-propion-säure ($=HOOC\text{-}CH(CHO)\text{-}CH_2OH$; Strukturformel und Sphären in Abb. 5.1):

- Die C-Atome der Substituenten COOH, CHO und CH_2OH besitzen zunächst (**Sphäre a**) die Ordnungszahl 6, der Wasserstoff die Ordnungszahl 1.
- Nach den Ordnungszahlen ergibt sich in der **Sphäre b**:
  - Für **COOH**: 8×3 (Sauerstoff; 1 Einfachbindung, 1 Doppelbindung) $= 24$.
  - Für **CHO** dann 8×2 (Sauerstoff, 1 Doppelbindung) $= 16 + 1$ (Wasserstoff) $= 17$.
  - Für CH_2OH 1×8 (Sauerstoff) $= 8 + 2$ (Wasserstoff) $= 10$.
- Die noch fehlenden Wasserstoffatome von COOH und CH_2OH gehören der **Sphäre c** an. Da bereits eine klare Rangfolge ermittelt ist, brauchen sie (in diesem Beispiel) nicht mehr berücksichtigt zu werden.
  - Die Rangfolge ist also: $COOH > CHO > CH_2OH > H$

5.1 Ermittlung der
Rangfolge gemäß CIP.
Gezeigt sind die Sphären
(a, b und c), sowie die
(auf die Anzahl der
Bindungen korrigierten)
Ordnungszahlen der
jeweiligen Atome.

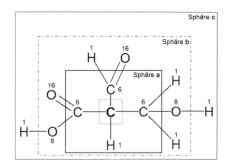

5.4   (Z)-/(E)-Isomerie

Unter Anwendung der CIP-Regeln lassen sich nun auch Verbindungen eindeutig benennen, bei denen die *cis/trans*-Nomenklatur versagt. Hierbei steht das (Z) für „zusammen" und das (E) für „entgegen" und bezieht sich stets auf die relative Stellung der beiden Substituenten mit den höchsten Prioritäten.

(Z)-But-2-en, *cis*-2-Buten	$\overset{H}{\underset{H_3C}{}}C=C\overset{H}{\underset{CH_3}{}}$ $\overset{H}{\underset{H_3C}{}}C=C\overset{CH_3}{\underset{H}{}}$	(E)-But-2-en, *trans*-2-Buten
(Z)-1-Chlor-2- methyl-buten	$\overset{Cl}{\underset{H}{}}C=C\overset{C_2H_5}{\underset{CH_3}{}}$ $\overset{Cl}{\underset{H}{}}C=C\overset{CH_3}{\underset{C_2H_5}{}}$	(E)-1-Chlor-2- methyl-buten
(Z)-1-Brom-2- chlor-1-iod-ethen	$\overset{Cl}{\underset{H}{}}C=C\overset{I}{\underset{Br}{}}$ $\overset{Cl}{\underset{H}{}}C=C\overset{Br}{\underset{I}{}}$	(E)-1-Brom-2- chlor-1-iod-ethen

Sind mehrere Doppelbindungen in einem Molekül enthalten, so ist für jede Doppelbindung (Z)- oder (E) anzugeben.

Beachten Sie:

- Häufig entsprechen sich (Z)- und *cis*- bzw. (E)- und *trans*-Konfiguration. Das muss aber nicht immer der Fall sein.
- Kumulierte Doppelbindungen mit einer *ungeraden* Anzahl an Doppelbindungen bilden *cis*-/*trans*- bzw. (Z)-/(E)-Isomere.
- Kumulierte Doppelbindungen mit einer *geraden* Anzahl an Doppelbindungen bilden axial chirale Moleküle und damit Enantiomerenpaare.

5.5   Verbrückte bicyclische Kohlenwasserstoffe

Bei verbrückten bicyclischen Kohlenwasserstoffen muss die dort ebenfalls auf-
tretende Isomerie, die der cis/trans-Isomerie durchaus ähnlich ist, durch den
Begriff der *endo/exo*-Isomerie ersetzt werden, um eindeutige Aussagen über die
räumliche Gestalt des Moleküls geben zu können.

Ausgehend von den beiden Atomen die den Brückenkopf bilden, wird zuerst
die Länge jeder einzelnen Brücke bestimmt. Die längste Brücke ist dann die
„erste", die kürzeste die „dritte" Brücke. Das *endo*-Isomer (griech. *endo* = innen)
ist nun das Isomer, bei dem die kürzeste Brücke und die Atome mit der gerings-
ten Priorität zueinander liegen. Bei dem *exo*-Isomer (griech. *exo* = außen) liegen
diese voneinander weg.

Ist an der kürzesten Brücke ein Wasserstoffatom substituiert, dann kommt die
syn/anti-Notation zum Tragen. Als *syn* (griech. *syn* = zusammen) bezeichnet man
die Position, bei der die Substituenten einander zugewandt sind, als *anti* (griech.
anti = gegenüber) die Position, bei der der Substituent der kürzesten Brücke vom
anderen Substituenten abgewandt ist.

Sowohl *endo/exo*-Isomere, als auch *syn/anti*-Isomere sind zueinander diastereomer.

exo-1,2-Dibrom-
bicyclo[2.2.1]heptan

endo-1,2-Dibrom-
bicyclo[2.2.1]heptan

2-*exo*-Brom-7-**syn**-fluor-
bicyclo[2.2.1]heptan

2-*exo*-Brom-7-**anti**-fluor-
bicyclo[2.2.1]heptan

Konfigurationsisomere: Spiegelbildisomerie

Unter Konfiguration versteht man die räumliche Anordnung der Atome eines Molekül, also dessen räumlichen (Auf-)Bau – jedoch ohne die Berücksichtigung möglicher Drehungen um Einfachbindungen.

Konfigurationsisomere, die durch unterschiedliche räumliche Anordnung der Substituenten an Doppelbindungen oder an Ringsystemen verursacht werden, wurden bereits im Abschnitt „geometrische Isomere" (Kap. 5) besprochen. Diese Verbindungen sind i. d. R. achiral. Hier wollen wir nun die chiralen Konfigurationsisomere betrachten.

6.1 Chiralität

Ist ein C-Atom von vier unterschiedlichen Substituenten umgeben, so existieren aufgrund der tetraedrischen Anordnung um das C-Atom zwei unterschiedliche, nicht deckungsgleiche, aber spiegelbildliche Formen. Diese spiegelbildlichen Formen werden Enantiomere genannt. Enantiomerenpaare unterscheiden sich nur in ihrer optischen Aktivität und in ihrer biologischen Wirkung voneinander (vgl. Abschn. 4.1).

Das so substituierte C-Atom wird Stereozentrum oder stereogenes Zentrum (früher auch asymmetrisches C-Atom) genannt. Die Benennung der Enantiomere erfolgt nach den CIP-Regeln (vgl. Abschn. 5.3). Hier wird jedes einzelne Stereozentrum mit (R) oder (S) bezeichnet. Eine ältere Nomenklatur, die D-/L-Nomenklatur, wird auch heute noch für Zucker und z. T. für Aminosäuren verwendet.

Chiralität tritt nicht nur bei Verbindungen mit Stereozentren auf (so genannte zentrale Chiralität). Axiale Chiralität tritt z. B. bei sterisch gehinderten Biphenylen oder bei Spiro-Verbindungen auf. Planare Chiralität kann z. B. bei (E)-Cyclooocten auftreten. Helicale Chiralität findet sich bei schraubenförmigen Strukturen.

© Springer Fachmedien Wiesbaden GmbH, ein Teil von Springer Nature 2019
T. Schmiermund, *Einführung in die Stereochemie*, essentials,
https://doi.org/10.1007/978-3-658-28087-1_6

6.2   (*R*)-/(*S*)-Nomenklatur

Bei optisch aktiven Verbindungen, d. h. bei Enantiomeren und Diastereomeren, erfolgt die Angabe der absoluten Konfiguration (= *R/S*-Nomenklatur), dergestalt, dass zuerst die Prioritäten der Substituenten an *jedem* einzelnen chiralen C-Atom festgelegt werden (CIP-Regeln, vgl. Abschn. 5.3). Danach wird das Molekül so gedreht, dass das C-Atom mit der niedrigsten Priorität nach hinten (= vom Betrachter weg) zeigt. Die für den Betrachter nun sichtbaren Substituenten bilden gleichsam die dreieckige Grundfläche des betrachteten Tetraeders.

Verläuft die Priorität der Substituenten 1 → 2 → 3 nach rechts (= im Uhrzeigersinn), so besitzt dieses C-Atom *R*-Konfiguration (lat. *rectus* = Rechts). Beim Verlauf nach links (= gegen den Uhrzeigersinn) liegt *S*-Konfiguration (lat. sinister = link*S*) vor (vergleiche Abb. 6.1).

Die Angabe *R* bzw. *S* muss für jedes einzelne chirale C-Atom angegeben werden.

6.2.1   (*l*)-/(*u*)- Nomenklatur

Liegen in einem Molekül zwei Stereozentren vor, so werden die beiden Moleküle mit (R,R)- bzw. (S,S)-Konfiguration auch als (*l*)-Konfiguration (engl. *like* = gleich), die beiden Moleküle mit (R,S)- bzw. (S,R)-Konfiguration als (*u*)-Verbindungen (engl. *unlike* = ungleich) benannt.

Zum Beispiel ist (*l*)-Weinsäure demnach das Paar (2R,3R)-Weinsäure (D-Weinsäure) und (2S,3S)-Weinsäure (L-Weinsäure). Die (*u*)-Weinsäure ist (2S,3R)-Weinsäure (meso-Weinsäure). Vergleiche hierzu auch Abb. 4.1.

Abb. 6.1 (*R*)/(*S*)-
Nomenklatur am Beispiel
Glycerinaldehyd unter
Angabe der Priorität der
Substituenten

(S)-Glycerinaldehyd (↺) | (R)-Glycerinaldehyd (↻)

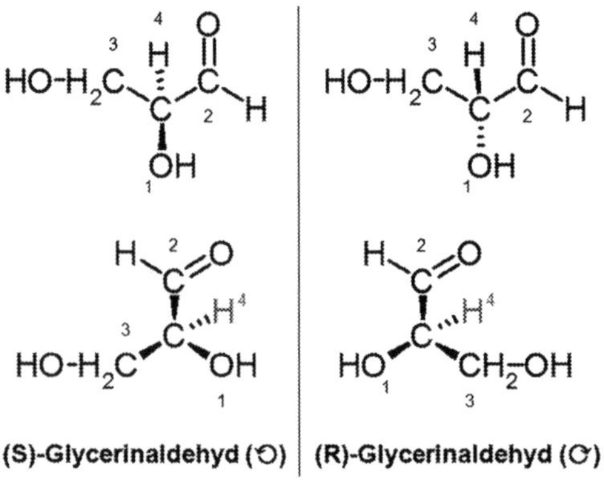

6.3   D/L-**Konfiguration, Fischer-Projektion**

Bevor es mit spektroskopischen Methoden möglich war den stereochemischen Aufbau von Molekülen genau zu bestimmen, mussten Struktur und räumlicher Bau von Molekülen durch verschiedenste chemische Reaktionsfolgen aufgeklärt werden. Hierzu wurde ein Molekül schrittweise zerlegt. Aus den Teilstücken schloss man dann auf die Gesamtstruktur der Ausgangsverbindung. Für chirale Verbindungen wählte man das Glycerinaldehyd als Standard. Das rechtsdrehende (+)-Isomer erhielt die Bezeichnung D (lat. *dextro* = rechts), das linksdrehende (−)-Isomer die Bezeichnung L (lat. *laevo* = links).

In der Folge erhielt jede Verbindung, die über eine Folge von Abbaureaktionen und Umwandlungen mit D-(+)-Glycerinaldehyd in Beziehung gesetzt werden konnte die Bezeichnung D- und jede mit L-(−)-Glycerinaldehyd in Beziehung zu setzende Verbindung die Bezeichnung L-.

Um nun dreidimensionale Strukturen linearer chiraler Verbindungen abzubilden, bediente man sich der sogenannten Fischer-Projektion. Diese Darstellung wurde häufig für Moleküle mit mehreren, benachbarten Stereozentren verwendet. Auch wenn diese Darstellungsform heute nicht mehr verwendet werden sollte: In älteren Büchern zur Benennung von Zuckern und Aminosäuren findet sich die Fischer-Projektion (vergleiche Abb. A.3).

Regeln

- Die Kette von C-Atomen wird von oben nach unten gezeichnet (niemals waagerecht). Hierbei kommt das C-Atom mit der höchsten Oxidationszahl nach oben und wird als „1" nummeriert.
- Waagerechte Linien zeigen aus der Ebene hinaus auf den Betrachter zu.
- Senkrechte Linien laufen nach hinten vom Betrachter weg.
- Die C-Atome der Stereozentren werden nicht geschrieben.
- Zucker: Die Stellung des Substituenten (meist −OH) des am weitesten unten stehenden Stereozentrums bezeichnet die Konfiguration: D wenn der Substituent rechts steht, L wenn er sich auf der linken Seite befindet.
- Aminosäuren: Je nachdem ob die Amino-Gruppe ($-NH_2$) auf der rechten oder linken Seite dargestellt wird, ergibt sich die D- bzw. L-Konfiguration.

Da es nicht möglich ist, mit der D-, L-Nomenklatur, in Verbindung mit der Fischer-Projektion, für alle Stereozentren eine separate Konfigurationsangabe zu machen, ist/war es unumgänglich allen Diastereomeren unterschiedliche Namen zu geben. In der Abb. A.3 ist dies exemplarisch für die Familie der D-Aldosen gezeigt.

6.3.1 Anmerkungen

Bitte beachten Sie, dass die Nomenklaturen nach (R)-/(S)- und D-/L- auf unterschiedliche Ursachen zurückgehen. Die (R)-/(S)-Nomenklatur basiert auf festen Regeln, die D-/L-Nomenklatur geht auf experimentelle Ergebnisse zurück. (R)- bzw. (S)- sagt nichts darüber aus, ob ein Stoff zur D- oder L-Reihe gehört oder ob die optische Aktivität (+) oder (−) ist.

- Versuchen Sie niemals ein Molekül aufgrund der Struktur als D- oder L- einzustufen.
- Versuchen Sie niemals aufgrund der Struktur die optische Drehung (+ oder −) vorherzusagen.

6.3.2 Fischer-Projektion in Keil-Strich-Formel umwandeln

Um aus der Fischer-Projektionsformel die Keil-Strich-Formel zu entwickeln, sind mehrere Schritte notwendig. Dies soll am Beispiel der D-Glucose (Traubenzucker, Dextrose, systematisch: (2R,3S,4R,5R)-Pentahydroxyhexanal)

a) Zeichnen sie die Fischer-Projektion
b) Markieren Sie die waagerechten Bindungen als aus der Ebene heraus zeigend.
c) Invertieren Sie die Bindungen an jedem zweiten stereogenen Zentrum (hier: an den C-Atomen 3 und 5). Beachten Sie, dass es dadurch zu einer Seitenumkehr der OH-Gruppen kommt.
d) Drehen Sie das Molekül um 90° nach rechts. Zeichnen Sie hierbei die Kohlenstoffkette so, dass die ungeraden C-Atome niedrig, die geraden C-Atome hoch liegen. Es zeigen alle OH-Gruppen die in c) auf der rechten Seite liegen auf den Betrachter zu, diejenigen die links stehen zeigen vom Betrachter weg.

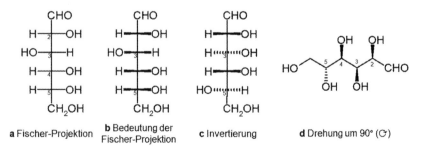

a Fischer-Projektion   b Bedeutung der   c Invertierung   d Drehung um 90° (↻)
                          Fischer-Projektion

6.4   *threo-/erythro*-Isomere

Die Vorsilben *threo-* und *erythro-* leiten sich von D-Threose bzw. D-Erythrose ab und fanden Verwendung bei Stoffen mit genau zwei direkt benachbarten Stereozentren. Sind die Reste an diesen Stereozentren (in der Fischer-Projektion betrachtet) wechselseitig angeordnet, so handelt es sich um das *threo*-Isomer. Bei Anordnung auf der gleichen Seite ist es die *erythro*-Verbindung (vergleiche Abb. 4.2 und A.3).

Diese Bezeichnungen werden heute nicht mehr empfohlen. Stattdessen ist die (*R*)-/(*S*)- oder die (*l*)-/(*u*)- Nomenklatur zu verwenden.

6.5   Axiale Chiralität

Biphenyle sind um die Achse, die die beiden Ringe verbindet, frei drehbar. Durch die Einführung von Substituenten in o,o'-Stellung (1,6-Position) an beiden Ringen kann die freie Drehbarkeit massiv eingeschränkt werden und so eine axiale Chiralität entstehen. Liegt die Energiebarriere hierbei sehr hoch, so können beide Formen isoliert werden und man betrachtet sie nicht mehr als Konformere. Die erste Verbindung, bei der axiale Chiralität entdeckt wurde, ist die 6,6'-Dinitrodiphensäure (6,6'-Dinitro-biphenyl-2,2'-dicarbonsäure)

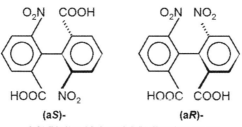

(aS)-   (aR)-
6,6'-Dinitro-biphenyl-2,2'-dicarbonsäure

Auch Spiro-Verbindungen bilden chirale Moleküle aus. Die beiden Ringe werden durch ein tetraedrisch koordiniertes C-Atom miteinander verbunden und stehen daher senkrecht zueinander. Deshalb sind selbst auf den ersten Blick symmetrisch aussehende Verbindungen überraschenderweise chiral. Zur Kennzeichnung, dass es sich um eine axiale Chiralität (ohne Stereozentrum) handelt, wird dem (*R*) bzw. (*S*) zur Angabe der Konfiguration ein a (für axial) vorangestellt.

(aS)-   (aR)-   (aS)-   (aR)-
Spiro[4.4]nonadien   Spiro[5.5]undecan-1,7-dion

6.6   Planare Chiralität

Als Beispiel für eine planare Chiralität soll das (*E*)-Cycloocten dienen. Diese Verbindung weist keine Drehspiegelachse auf, sodass zwei Enantiomere existieren: (p*R*)-(*E*)-Cycloocten und (p*S*)-(*E*)-Cycloocten. Das vorangestellte p deutet an, dass es sich um planare Chiralität handelt.

(p*R*)-   (p*S*)-
(*E*)-Cycloocten

6.7   Helicale Chiralität

Helicene sind wohl die einfachsten helicalen (schraubenförmigen) Verbindungen. Es handelt sich um aus ortho-annelierten aromatischen Ringen aufgebaute wendeltreppenartige Verbindungen.

Folgt der Gang der Schraube (vom Betrachter weg gesehen, quasi „nach unten") dem Uhrzeigersinn („Rechtsgewinde"), so besitzt die Verbindung (*P*)-Konfiguration (*P* = plus). Bei einer gegen den Uhrzeigersinn verlaufenden Schraube („Linksgewinde") liegt die (*M*)-Konfiguration (*M* = minus) vor. Diese besondere Art der axialen Chiralität bezeichnet man auch als Helizität.

Als Beispiel seien die beiden Enantiomere des Hexahelicens (auch: [6]Helicen oder Phenanthro[3,4-c]phenanthren) gezeigt:

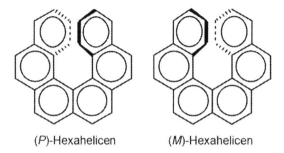

(*P*)-Hexahelicen   (*M*)-Hexahelicen

Konfigurationsisomere: Zucker

Zucker (Monosaccharide) gehören mit den Oligosacchariden (aus 2 bis 6 Zuckermolekülen) und den Polysacchariden (aus bis zu mehreren 1000 Zuckermolekülen bestehend, z. B. Cellulose) zu den sogenannten Kohlenhydraten. Der Name leitet sich aus der allgemeinen Summenformel $C_nH_{2n}O_n$, die auch als $C_n(H_2O)_n$ aufgefasst werden kann, ab.

Bei den Monosacchariden handelt es sich um mehrwertige Alkohole, bei denen eine OH-Gruppe zum Carbonyl ($-C(O)-$) oxidiert wurde. Sitzt die Carbonylgruppe am C1-Atom so handelt es sich um eine Aldose (von Aldehyd; $-CHO$). Befindet sie sich am C2-Atom so wird der Zucker als Ketose (von Keton, $-C(O)-$) bezeichnet.

Je nach Anzahl der C-Atome werden Monosaccharide als Triose, Tetrose, Pentose, Hexose, etc. bezeichnet. Die beiden einfachsten Zucker sind demnach die Aldotriose Glycerinaldehyd ($HOCH_2-CH(OH)-CHO$) und die Ketotriose Dihydroxyaceton ($OHCH_2-C(O)-CH_2OH$). Beachten Sie, dass davon immer zwei C-Atome (die beiden Enden der Kette) nicht chiral sind und diese zur Berechnung der maximal möglichen Anzahl an Diastereomeren heraus gerechnet werden müssen.

Häufig werden Monosaccharide in der Fischer-Projektion abgebildet, da sich damit die D-, L-Konfiguration gut darstellen lässt. In Wirklichkeit liegen die Einfachzucker, infolge einer Oxo-Cyclo-Tautomerie, als cyclische Halbacetalformen vor. Je nachdem, ob dabei ein Tetrahydrofuran- oder Tetrahydropyran-Ring ausgebildet wird, werden Furanosen (cyclo-$[C_5O]$, 6-Ring) und Pyranosen (cyclo-$[C_4O]$, 5-Ring) unterschieden. Das Suffix -ose wird entsprechend durch -ofuranose bzw. -opyranose ersetzt.

Diese ringförmige Struktur wird zuweilen durch eine erweiterte Fischer-Projektion wiedergegeben. Hier wird das Ring-Sauerstoff-Atom entweder nach

© Springer Fachmedien Wiesbaden GmbH, ein Teil von Springer Nature 2019
T. Schmiermund, *Einführung in die Stereochemie*, essentials,
https://doi.org/10.1007/978-3-658-28087-1_7

rechts gezogen und mittig der bestehenden senkrechten C-Kette gesetzt oder (alternativ) dieses Sauerstoff-Atom an seiner Position der Fischer-Projektion belassen und die Bindung $O-C$ lang (nach oben) gezogen.

7.1 Anomere

Der intramolekulare Ringschluss zur Halbacetalform der Monosaccharide ist mit der Bildung eines neuen Stereozentrums verbunden. Dieses wird als anomeres C-Atom bezeichnet. Aus einer Oxoform, d. h. aus einem Enantiomer, können so jeweils zwei chirale diastereomere Cyclohalbacetalformen entstehen, die ihrerseits Anomere (griech. *ano* = oben) genannt werden.

Die Anomere unterscheiden sich in der räumlichen Orientierung der OH-Gruppe am C1-Atom. Für Monosaccharide der D-Reihe gilt: Ist die OH-Gruppe axial orientiert (= nach unten in der Haworth-Ringformel bzw. rechts in der erweiterten Fischer-Projektion) bezeichnet man dies als α-Form. Bei äquatorialer Orientierung (Haworth: oben, Fischer: links) ist es die β-Form. Bei Einfachzuckern der L-Reihe trifft das Gegenteil zu.

Diese, für die Unterscheidung der beiden Anomeren wichtige, Hydroxyl-Gruppe wird zuweilen auch als glykosidische OH-Gruppe oder anomere Hydroxylgruppe genannt.

7.2 Darstellungsvarianten

Besser als durch die (erweiterte) Fischer-Projektion lässt sich die Struktur der cyclischen Halbacetale durch perspektivische Darstellung in der Sesselform (ohne H-Atome) darstellen.

Eine andere Möglichkeit ist die Haworth-Ringformel. In dieser Formel liegt das zum Ring gehörende Sauerstoffatom bei Furanosen immer rechts oben, bei Pyranosen in der Mitte oben. Der Ring wird planar gezeichnet. Zur Umwandlung der Fischer-Projektion in die Haworth-Ringformel merken Sie sich FLOH: Was bei **F**ischer **l**inks, ist **o**ben bei **H**aworth.

Außerdem ist eine Abbildung in der Keil-Strich-Formel möglich. Abb. 7.1 zeigt die verschiedenen Möglichkeiten am Beispiel der D-Glucose.

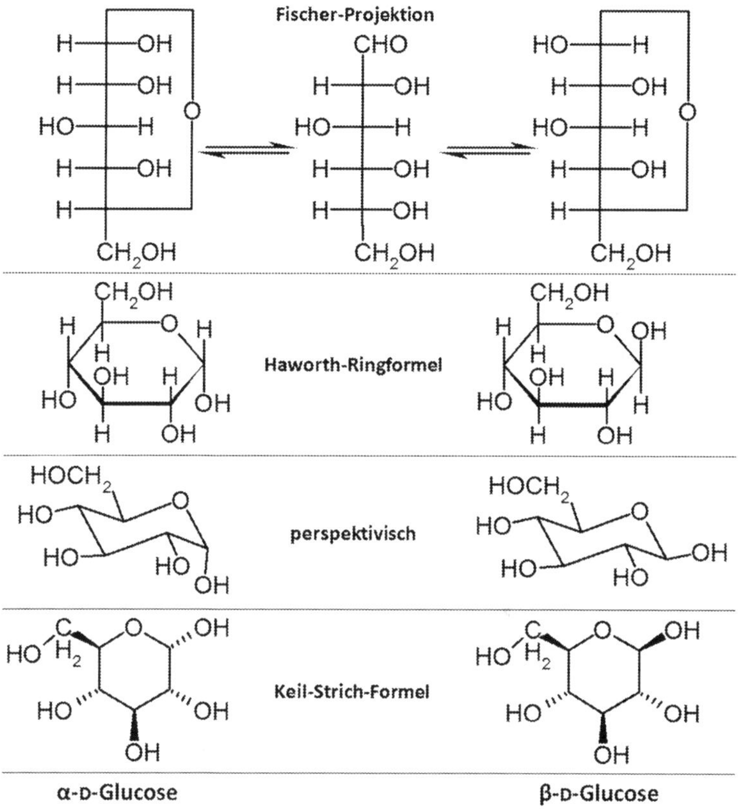

Abb. 7.1   α-ᴅ- und β-ᴅ-Glucose in verschiedenen Darstellungen

7.3   Nomenklatur der Monosaccharide

So vielfältig die Darstellungsmöglichkeiten sind, so vielfältig sind auch die Möglichkeiten diese Substanzen zu benennen. Diese unterschiedliche Nomenklatur lässt sich direkt aus den unterschiedlichen Darstellungen herleiten. Dies soll am Beispiel der ᴅ-Glucose exemplarisch aufgezeigt werden (vgl. Abb. 7.1).

- Fischer-Projektion in der D-, L- Nomenklatur:
  - Innen (rechts) liegende OH-Gruppe am C1-Atom: α-D-Glucose oder α-D-Glucopyranose
  - Außen (links) liegende OH-Gruppe am C1-Atom: β-D-Glucose oder β-D-Glucopyranose
- Haworth-Ringformel in der D-, L- Nomenklatur:
  - Unten liegende OH-Gruppe am C1-Atom: α-D-Glucopyranose
  - Oben liegende OH-Gruppe am C1-Atom: β-D-Glucopyranose
- Haworth-Ringformel in der R-, S- Nomenklatur:
  - Unten liegende OH-Gruppe am C1-Atom: (1S,2R,3R,4R,5R)-Glucopyranose
  - Oben liegende OH-Gruppe am C1-Atom: (1R,2R,3R,4R,5R)-Glucopyranose
- Keil-Strich-Formel in der R-, S-Nomenklatur (Basismolekül: Tetrahydropyran):
  - Unten liegende OH-Gruppe am 1. C-Atom: (2S,3R,4S,5S,6R)-6-Hydroxy-methyl-tetrahydro-pyran-2,3,4,5-tetraol
  - Oben liegende OH-Gruppe am 1. C-Atom: (2R,3R,4S,5S,6R)-6-Hydroxy-methyl-tetrahydro-pyran-2,3,4,5-tetraol

7.4   Disaccharide

Die einfachsten Oligosaccharide sind die Disaccharide, bei denen zwei Einfachzucker miteinander verknüpft sind. Da das C1-Atom des einen und das C4-Atom des zweiten Zuckers miteinander verbunden sind, spricht man von einer β(1,4) glucosidischen Verknüpfung. Als Beispiele seien Saccharose (Rohrzucker, α-D-Glucopyranosyl-β-D-fructofuranosid) und β-Lactose (Milchzucker, 4-O(β-D-Galactopyranosyl)-β-D-glucopyranose) gezeigt.

Saccharose   β-Lactose

Konformationsisomerie

Chemische Bindungen sind nicht starr und sollen daher auch nicht so betrachtet werden, als ob es sich um feste Stäbe handeln würde. Vielmehr unterliegen Bindungen verschiedenen Bewegungen, deren Stärke („Auslenkung") u. a. durch die Temperatur der Substanz bestimmt wird. Es handelt sich in erster Linie um:

- Translationsbewegungen
  - Valenz- oder Streckschwingungen (Änderung der Länge einer Bindung)
  - Deformations- oder Beugeschwingungen (Änderung des Winkels einer Bindung)
- Rotationsbewegungen (Drehung um eine Achse)

Von größerem Interesse sind diese Schwingungen im Rahmen der IR-Spektroskopie (vergleiche entsprechende Literatur). Wir betrachten hier nur die Rotation eines Molekülteils um die „Rotationsachse" der Einfachbindung. Eine freie Drehung um Doppel- oder Dreifachbindungen ist nicht möglich, da hierzu π-Bindungen gelöst und anschließend neu geknüpft werden müssten.

Der Winkel, um den ein Molekülteil um die betreffende Einfachbindung gedreht wird, bezeichnet man als Dieder- oder Torsionswinkel.

8.1 Visualisierungsmöglichkeiten

Sägebock-Projektion

- Bei der Sägebock-Projektion (engl.: *saw-horse*) stellt die σ-Bindung quasi die „Auflage" des Sägebocks dar. Die Sägebockfüße sind die drehbaren Molekülteile.

© Springer Fachmedien Wiesbaden GmbH, ein Teil von Springer Nature 2019   41
T. Schmiermund, *Einführung in die Stereochemie, essentials,*
https://doi.org/10.1007/978-3-658-28087-1_8

Keil-Strich-Formel

• Bei der sogenannten Keil-Strich-Formel (auch: perspektivische Formel) zeigen die als Keile dargestellten Bindungen nach vorne aus der Papierebene heraus (d. h. auf den Betrachter zu), die als punktierte Linien dargestellten Bindungen zeigen nach hinten (vom Betrachter weg). Die durchgezogenen Linien liegen in der Papierebene. Das gesamte Molekül wird von der Seite betrachtet.

Newman-Projektion

• Hierbei wird das Molekül von vorne betrachtet: Vom C1-Atom zum C2-Atom. Die durchgezogenen Linien sind Bindungen zum vorderen C-Atom (C1), welches am Schnittpunkt der Linien liegt. Die am Kreis endenden Linien sind Bindungen zu dem hinteren C-Atom (C2), welches durch das vordere C-Atom verdeckt wird. In dieser Darstellung sind die Diederwinkel am einfachsten zu erkennen.

8.2 Ethan-Konformere

Im Ethan (C_2H_6) sind die beiden Kohlenstoff-Atome durch eine frei drehbare (und rotationssymmetrische) σ-Bindung miteinander verbunden. Durch die Rotation um diese Einfachbindung einer der beiden CH_3-Gruppen ergeben sich verschiedene räumlich Anordnungen, die sich in ihrem Energieinhalt unterscheiden. Die sich so ergebenden räumlichen Isomere werden als Konformere bezeichnet. Beim Ethan existieren nur zwei Konformere: Eines bei dem alle Wasserstoffe hintereinander stehen (ekliptisch oder verdeckt) und eins, bei dem die Wasserstoffe „auf Lücke" (gestaffelt) stehen. Die gestaffelte (engl. *staggered*) Konformation ist um rund 12 kJ mol^{-1} energieärmer als die ekliptische (engl. *eclipsed*). Die Diederwinkel (θ = theta) betragen für die ekliptischen Konformationen 0°, 120°, 240° und 360°. Für die gestaffelten Konformationen dementsprechend 60°, 180° und 300° (vergleiche Abb. 8.1).

8.3 Butan-Konformere

Unterscheiden sich die Konformere des Propans (C_3H_8) nicht von denen des Ethans (Energiebarriere ca. 14 kJ mol^{-1}), so stellt sich der Sachverhalt beim Butan (C_4H_{10}) etwas schwieriger dar. Hier sind – in Abhängigkeit des Drehwinkels – mehr als zwei Konformere möglich.

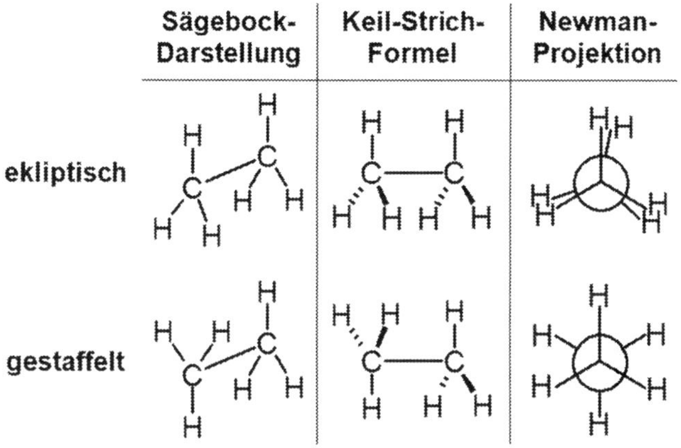

Sägebock- Darstellung	Keil-Strich- Formel	Newman- Projektion
ekliptisch		
gestaffelt		

Abb. 8.1 Konformationen des Ethans

Betrachten wir das n-Butan als 1,2-Dimethyl-ethan, so unterscheidet es sich hinsichtlich der Grundformen nicht vom Ethan: Die Diederwinkel $\theta = 0°$, $120°$ und $240°$ sind ekliptisch, die Winkel $60°$, $180°$ und $300°$ gestaffelt.

Die unterschiedlichen Diederwinkel erhalten jedoch eigene Bezeichnungen, um sie voneinander unterscheiden zu können (vgl. Abb. 8.2):

- Die um $60°$ nach rechts oder links ($\theta = 60°$ bzw. $300°$) verdrehten – gestaffelten – Formen werden auch als gauche-Konformationen (frz. *gauche* = schief; engl.: *skew*) bezeichnet. Die systematische Bezeichnung lautet synclinal (sc) (griech. *syn* = zusammen, mit; griech. *klinein* = (an)lehnen, sich neigen) (Bild, Formeln B, B').
- Die um $120°$ verdrehten ekliptischen – Formen ($\theta = 120°$ und $240°$) werden anticlinal (ac) (griech. *anti* = gegen, gegenüber) genannt (Bild, Formeln C, C').
- Die ekliptische Grundform ($\theta = 0°$ bzw. $360°$, Bild Formel A) wird systematisch als synperiplanar (sp) (griech. *syn* = zusammen, griech. *peri* = um … herum; lat. *planar* = eben) bezeichnet. Ältere Bezeichnungen lauten *cis* oder *syn*.
- Die energieärmste gestaffelte Form ($\theta = 180°$, Bild, Formel D) wird antiperiplanar (ap) genannt. Früher auch als *trans* oder *anti* bezeichnet.

Die beiden anticlinalen Formen sind genauso Enantiomere (Spiegelbilder) zueinander, wie die beiden synclinalen Formen. Dies wird durch die Vorzeichen $(+)/(-)$ entsprechend gekennzeichnet.

A	B	C	D	C'	B'
0°/360°	60°	120°	180°	240°	300°
+18,8 kJ mol⁻¹	+3,8 kJ mol⁻¹	+15,8 kJ mol⁻¹	0 kJ mol⁻¹	+15,8 kJ mol⁻¹	+3,8 kJ mol⁻¹
ekliptisch	gestaffelt	ekliptisch	gestaffelt	ekliptisch	gestaffelt
cis/syn synperiplanar ± sp	gauche (+)-synclinal + sc	– (+)-anticlinal + ac	trans/anti antiperiplanar ± ap	– (–)-anticlinal – ac	gauche (–)-synclinal – sc

Abb. 8.2 Konformationen des Butans; mit Angabe des Diederwinkels, der relativen Energiedifferenz, der Form und den verschiedenen Bezeichnungen

Bei gesättigten Verbindungen sind die gestaffelten Konformationen i. d. R. stabiler, als die ekliptischen. Davon ist die anti-Konformation (= größtmögliche Entfernung der Substituenten) meist stabiler, als die beiden gauche-Konformationen. So liegt das n-Butan bei 20 °C zu ca. 80 % in der anti- und zu ca. 20 % in den beiden gauche-Formen vor.

Bei Verbindungen mit Doppelbindungen (z. B. Alkene, Aldehyde, Ketone) hingegen ist die Konformation bevorzugt, bei der die Doppelbindung ekliptisch angeordnet ist. Können Wasserstoffbrückenbindungen ausgebildet werden, so wird häufig die gauche-Form stabilisiert.

Acetaldehyd
H₃C-CHO

2-Chlor-ethanol
ClH₂C-CH₂OH

8.4　Cyclohexan-Konformere

Der Cyclohexan-Ring ist nicht ganz flach sondern „wellig" – im Gegensatz zum planar gebauten Benzen. Hierbei existieren zwei Grundlegende Konformationen: Eine Sessel-Form (engl. *chair*) und eine Boot- oder Wannenform (engl. *boat*). Die Sesselkonformation ist hierbei die stabilere.

Durch Drehung aller C-Atome um ihre Einfachbindung kommt es zur sogenannten Ringinversion. Vereinfacht ausgedrückt wird aus der Sesselform (I) die
Wannenform, die dann in die Sesselform (II) umklappen kann (Details siehe
Lehrbücher der organischen Chemie). Es existieren daher zwei äquivalente Ses-
selformen (vergleiche Abschn. 5.2).

Sesselform (I)   **Wannenform**   **Sesselform (II)**

Bedingt durch die tetraedrische Ausrichtung der C-Bindungen stehen die
H-Atome bzw. Substituenten in zwei unterschiedlichen Stellungen zur mitt-
leren Ringebene: Sechs Bindungen sind senkrecht zur Ringebene ausgerichtet,
abwechselnd nach oben und unten orientiert und werden als axial (a) bezeichnet.
Sechs weitere sind ca. 70° zur Hauptachse angeordnet und ebenfalls abwechselnd nach oben und unten gerichtet. Sie werden äquatoriale Bindungen (e; engl.
equatorial) genannt.

axiale (a) und äquatoriale (e)   **nur axiale Bindungen**   **nur äquatoriale Bindungen**
Bindungen

Die Ringinversion bewirkt nun, dass alle axialen Bindungen in äquatoriale Position gelangen – und umgekehrt. Bei monosubstituierten Cyclohexanen existieren daher zwei Konformere: Eines mit axialem und eines mit äquatorialem
Substituenten.

(e)-Methyl-hexan   Ringinversion   (a)-Methyl-hexan

Bei zweifach substituierten Cyclohexanen tritt eine *cis-*, *trans*-Isomerie aufgrund der axialen/äquatorialen Stellungen auf. Sind beide Substituenten in axialer (a,a) oder äquatorialer (e,e) Stellung, so handelt es sich um das *trans*-Isomer. Sind die Substituenten unterschiedlich (a,e oder e,a) angeordnet, liegt das *cis*-Isomer vor (vergleiche Abschn. 5.2).

Übersichten

(Siehe Abb. A.1, A.2 und A.3)

© Springer Fachmedien Wiesbaden GmbH, ein Teil von Springer Nature 2019
T. Schmiermund, *Einführung in die Stereochemie*, essentials,
https://doi.org/10.1007/978-3-658-28087-1

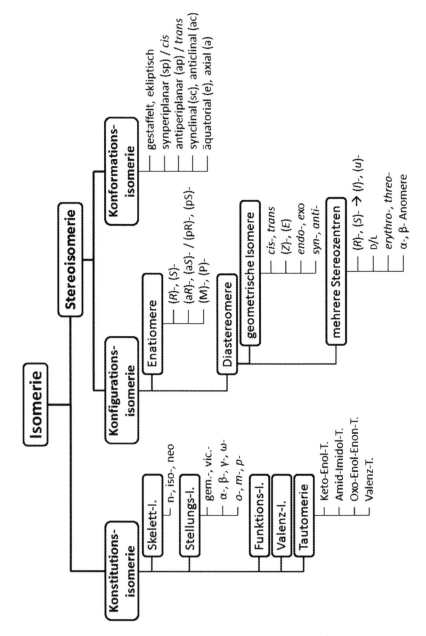

Abb. A.1 Übersicht Isomerie

Art der Isomere	Gemeinsame Merkmale	Unterschiede	Physikal. Eigenschaften	Chem. Eigenschaften	Deskriptor/ Hinweis	Kap.
Konstitutionsisomere						
Funktionsisomere	Summenformel	funkt. Gruppen		unterschiedliche Reaktivität	-	3.3
Skelettisomere		C-Gerüst			n-, iso-, neo-	3.1
Stellungsisomere	Gerüst, Funktionen	Stellung am C-Gerüst			α-, β-, γ- o-, m-, p-	3.2
Valenzisomere		Bindungen	alle physikal. Eigenschaften der Isomere unterscheiden sich		-	3.4
Tautomere		Funktionen			Keto-Enol-T.	3.5
Stereoisomere						
Diastereomere - geometr. Isomere		relative Anordnung an Doppelbindung oder Ring		Überführung der Isomere nur durch Lösen und Neuknüpfen von Bindungen möglich	cis-, $trans$- (Z)-, (E)- $endo$-, exo- syn-, $anti$-	5.1/5.2 5.4 5.5 5.5
- mehrere Zentren	Konstitution	relative Anordnung chiraler Gruppen			(R)-, (S)- D-, L- $erythro$-, $threo$- α-, β-Anomere	6.3 6.4 6.5 7.1
Enantiomere		chirale Moleküle, Bild/Spiegelbild	unterschiedliches Verhalten gg. polarisiertes Licht	Unterschiede nur bei chiralen Reaktionspartnern	(R)-, (S)- (M)-, (P)-	6.6/6.7 6.8
Konformationsisomere		verschiedene Torsionswinkel	Isomere i. d. R. nicht zu trennen	Isomerisierung ohne Bindungsbruch	ekliptisch, gestaffelt, gauche	8

Abb. A.2 Eigenschaften verschiedener Isomere

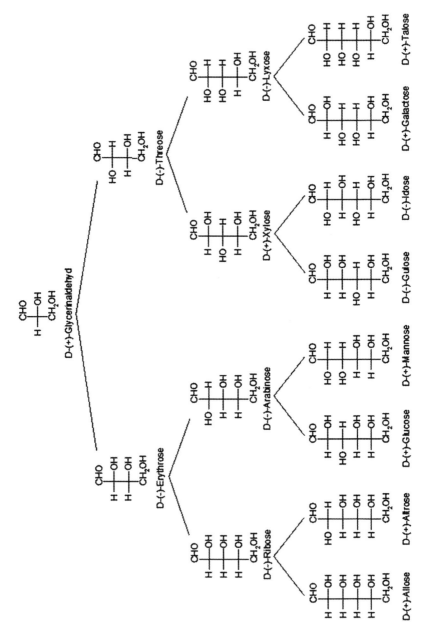

Abb. A.3 Familie der D-Aldosen

Was Sie aus diesem *essential* mitnehmen können

- Nomenklatur und -varianten der Stereochemie organischer Verbindungen
- Gebräuchliche und weniger gebräuchliche Begriffe der Stereochemie
- Verschiedene Konstitutionsisomere, Unterschiede und Gemeinsamkeiten
- Enantiomere und Diastereomere: Zusammenhänge und Unterscheidung
- Nomenklaturregeln nach Cahn, Ingold und Prelog (CIP-Konvention)
- Unterschiedliche Darstellungsvarianten für Zuckermoleküle

© Springer Fachmedien Wiesbaden GmbH, ein Teil von Springer Nature 2019   51
T. Schmiermund, *Einführung in die Stereochemie,* essentials,
https://doi.org/10.1007/978-3-658-28087-1

Literatur

Allinger, N. L., Cava, M. P., de Jong, D. C., Johnson, C. R., Lebel, N. A., & Stevens, C. L. (1980). *Organische Chemie*. Berlin: De Gruyter.

Beyer, H., & Walter, W. (1988). *Lehrbuch der Organischen Chemie* (21. Aufl.). Stuttgart: Hirzel.

Bruice, P. Y. (2007). *Organische Chemie* (5. Aufl.). München: Pearson-Studium.

Christen, H. R. (1982). *Grundlagen der organischen Chemie* (5. Aufl.). Frankfurt a. M.: Otto Salle.

Clayden, J., Greeves, N., & Warren, S. (2013). *Organische Chemie* (2. Aufl.). Heidelberg: Springer.

Dale, J. (1978). *StereochemieStereochemie und Konformationsanalyse*. Weinheim: Verlag Chemie.

Dickerson, R. E., Gray, H. B., & Haight, G. P. (1978). *Prinzipien der Chemie*. Berlin: De Gruyter.

Felixberger, J. K. (2017). *Chemie für Einsteiger*. Heidelberg: Springer.

Hauptmann, S. (1988). *Organische Chemie*. Berlin: VEB Deutscher Verlag für Grundstoffindustrie.

Hellwich, K. H. (1998). *Chemische Nomenklatur* (3. Aufl.). Eschborn: Govi.

Hellwich, K. H. (2007). *StereochemieStereochemie: Grundbegriffe* (2. Aufl.). Heidelberg: Springer.

Hellwinkel, D. (2005). *Die systematische Nomenklatur der organischen Chemie* (5. Aufl.). Heidelberg: Springer.

Latscha, H. P., & Klein, H. A. (1997). *Organische Chemie* (4. Aufl.). Heidelberg: Springer.

Morrison, R. T., & Boyd, R. N. (1986). *Lehrbuch der Organischen Chemie* (3. Aufl.). Weinheim: Verlag Chemie.

Mortimer, C. E. (1996). *Chemie* (6. Aufl.). Stuttgart: Georg Thieme.

Neubauer, D. (2014). *Kekulés Träume*. Heidelberg: Springer.

Schmiermund, T. (2019). *Das Chemiewissen für die Feuerwehr*. Heidelberg: Springer.

Streitwieser, A., Heathcock, C. H., & Kosower, E. M. (1994). *Organische Chemie* (2. Aufl.). Weinheim: Wiley-VCH.

Vollhardt, K. P. C., & Schore, N. E. (1995). *Organische Chemie* (2. Aufl.). Weinheim: Wiley-VCH.

Wawra, E., Dolznig, H., & Müllner, E. (2010). *Chemie erleben* (2. Aufl.). Wien: Facultas.

© Springer Fachmedien Wiesbaden GmbH, ein Teil von Springer Nature 2019
T. Schmiermund, *Einführung in die Stereochemie, essentials*,
https://doi.org/10.1007/978-3-658-28087-1

Printed in the United States
By Bookmasters